D1529243

DEL **PETRÓLEO** A LA GASOLINA

por Shannon Zemlicka

ediciones Lerner / Minneapolis

Traducción al español: copyright © 2007 por
ediciones Lerner
Título original: *From Oil to Gas*
Texto: copyright © 2003 por Lerner Publications
Company

La edición en español fue realizada por un equipo
de traductores nativos de español de
translations.com, empresa mundial dedicada a la
traducción.

ediciones Lerner
Una división de Lerner Publishing Group
241 First Avenue North
Minneapolis, MN 55401 EUA

Dirección de Internet: www.lernerbooks.com

Library of Congress Cataloging-in-Publication Data

Knudsen, Shannon, 1971–
    [From oil to gas. Spanish]
    Del petróleo a la gasolina / por Shannon Zemlicka.
        p. cm. — (De principio a fin)
    ISBN-13: 978–0–8225–6496–6 (lib. bdg. : alk. paper)
    ISBN-10: 0–8225–6496–3 (lib. bdg. : alk. paper)
    1. Petroleum—Juvenile literature. 2. Petroleum industry
and trade—Juvenile literature. I. Title. II. Series.
    TN870.3.Z4518 2007
    665.5'3827–dc22   2006007977

Fabricado en los Estados Unidos de América
1 2 3 4 5 6 – DP – 12 11 10 09 08 07

Las fotografías que aparecen en este libro son
cortesía de: © Gregg Otto/Visuals Unlimited,
portada, págs. 1 (inferior), 23; © Howard Ande,
págs. 1 (superior), 3, 11, 21; © Inga
Spence/Visuals Unlimited, pág. 5; © Ron Sherman,
págs. 7, 13; © Lowell Georgia/CORBIS, pág. 9; ©
TRIP/H. Rogers, pág. 15; © TRIP/B. Turner, pág. 17;
© TRIP/TRIP, pág. 19.

Contenido

La gasolina hace que los autos anden.

¿Cómo se produce la gasolina?

Los trabajadores estudian el terreno.

La gasolina proviene de un líquido negro y espeso que se llama **petróleo**. El petróleo está en lo profundo de la tierra o bajo el océano, y es necesario extraerlo. Los trabajadores buscan pistas en el terreno para decidir en dónde van a cavar.

Los trabajadores limpian el terreno.

Llevan bulldozers a los lugares donde puede haber petróleo. Los bulldozers quitan los árboles y arbustos.

Los camiones traen herramientas para extraer el petróleo.

Los camiones traen herramientas al terreno preparado. Una de las herramientas es una máquina que produce electricidad, y que sirve para hacer funcionar a una enorme perforadora que cava. Otra máquina bombea lodo y piedras del subsuelo.

Los trabajadores arman las herramientas.

Levantan un gran armazón y después le agregan las máquinas. El armazón mantiene unidas las máquinas para formar una **torre de perforación**.

La perforadora cava para buscar petróleo.

Un trabajador maneja la perforadora de la torre. La perforadora cava un agujero profundo llamado **pozo**. Algunos pozos no tienen petróleo. Los obreros mueven la torre e intentan otra vez hasta que encuentran petróleo.

El petróleo viaja por tuberías.

El petróleo sube por el pozo, y luego las máquinas lo bombean por las tuberías. Las tuberías transportan el petróleo a enormes tanques.

El petróleo va a una fábrica.

Camiones, trenes, barcos y largas tuberías transportan el petróleo a una fábrica. La fábrica se llama **refinería**. La refinería parece un laberinto de tanques, torres y tuberías.

Las tuberías calientan el petróleo.

El petróleo pasa por tuberías calientes. Después entra en una torre. El calor separa el petróleo en varias partes. Una de ellas es la gasolina.

19

La gasolina va a las gasolineras.

Trenes, camiones o tuberías transportan la gasolina hasta las gasolineras. Los trabajadores la almacenan en grandes tanques bajo tierra.

¡Lleno, por favor!

En las gasolineras, los conductores usan bombas para llenar el tanque de sus autos y camiones con gasolina, y después siguen su camino.

Glosario

petróleo: líquido espeso y negro que se encuentra bajo tierra

pozo: agujero que se cava para buscar petróleo

refinería: fábrica donde se extrae gasolina del petróleo

torre de perforación: el armazón y las máquinas que se usan para extraer petróleo

Índice